Sitzungsberichte
der Akademie der Wissenschaften
der DDR
Gesellschaftswissenschaften

Jahrgang 1981 · Nr. 6/G

Hans-Jürgen Treder

Friedrich Engels und die wegweisende Bedeutung der Philosophie für die Naturwissenschaft

AKADEMIE-VERLAG · BERLIN
1982

Vorträge der festlichen wissenschaftlichen Sitzung des Plenums der Akademie der Wissenschaften der DDR am 16. Oktober 1980 zu Ehren des 160. Geburtstages von Friedrich Engels

Herausgegeben im Auftrage des Präsidenten der Akademie der Wissenschaften der DDR von Vizepräsident Prof. Dr. Heinrich Scheel

ISSN 0138-4015
Erschienen im Akademie-Verlag, DDR-1086 Berlin, Leipziger Str. 3—4

Lizenznummer: 202 · 100/44/82
Gesamtherstellung: VEB Druckhaus Köthen
Bestellnummer: 754 014 3 (2010/81/6/G) LSV 0155
Printed in GDR
DDR 3,— M

Inhalt

Werner Scheler

Eröffnung und Begrüßung

Am 28. November dieses Jahres jährt sich zum 160. Mal der Geburtstag von Friedrich Engels, des Mitbegründers des wissenschaftlichen Sozialismus und des engsten Kampfgefährten von Karl Marx.

Wir wollen zugleich als Beitrag in der Vorbereitung des X. Parteitages der Sozialistischen Einheitspartei Deutschlands dieses bedeutsamen Ereignisses durch die heutige festliche wissenschaftliche Sitzung des Plenums der Akademie der Wissenschaften der DDR gedenken, zu der ich Sie herzlich begrüße.

Wir ehren Friedrich Engels als einen der großen Söhne des deutschen Volkes, als Lehrer und Führer des deutschen und internationalen Proletariats, dessen Werk in der Deutschen Demokratischen Republik seine feste Heimstatt hat und zielstrebig verwirklicht wird.

Wir ehren ihn als Klassiker des Marxismus-Leninismus, einer Lehre, die Anleitung zum Handeln bedeutet und welche die wissenschaftliche Grundlage für die Politik der Arbeiterklasse und ihrer Partei bildet.

Wir ehren ihn als Philosophen und Wissenschaftler, dessen Schaffen und dessen Erkenntnisse von generellem Wert für wissenschaftliches Arbeiten waren und sind.

Hans-Jürgen Treder

Friedrich Engels und die wegweisende Bedeutung der Philosophie für die Naturwissenschaft

Wenn der Vertreter einer speziellen Naturwissenschaft — beispielsweise ein Physiker — versucht, das Werk, das Wirken und die heutige Wirksamkeit eines der universellsten Geister der Menschheitsgeschichte, eines revolutionären Denkers wie Friedrich Engels zu würdigen, so sei ihm gestattet, das aus einem ganz speziellen Gesichtspunkt zu tun: aus dem Gesichtspunkt der Verehrung und der persönlichen Erfahrung, wie wegweisend und hilfreich für das eigene Fachgebiet ihm selbst die Gedanken von Friedrich Engels waren und sind.

Gemäß der verabredeten Arbeitsteilung mit Karl Marx hat Engels jahrzehntelang seine Aufmerksamkeit den Naturwissenschaften seiner Zeit, der Geschichte der Naturforschung, der Rolle der Naturwissenschaft in der Gesellschaft und der Bedeutung der Naturwissenschaft für die Philosophie ebenso wie der Bedeutung der Philosophie für die Naturwissenschaft gewidmet. Es ist für einen Naturwissenschaftler natürlich hilfreich, einem Philosophen zu begegnen, der sich bereits in seiner Fragestellung naturwissenschaftlichen Problemen zuwendet. Man kann die eigene Fachkenntnis und das eigene Fachinteresse einsetzen, um das Werk des Philosophen zu verstehen. Ich weiß, daß nicht nur in meiner Handbibliothek als tägliches Arbeitsmaterial jene Werke der Begründer des Marxismus-Leninismus ganz vorn stehen, die speziell Probleme der Naturwissenschaft und der Naturdialektik zum Inhalt haben: Engels' „Anti-Dühring", seine „Dialektik der Natur" sowie von Lenin „Materialismus und Empiriokritizismus", die „Philosophischen Hefte" und der Sammelband „Marx-Engels-Marxismus".

Besonders diese Werke bieten dem Naturwissenschaftler eine Brücke, in seinem Fach und von seinem Fach her auch in tiefere Probleme einzusteigen: in Grundsatzfragen der Forschung, sowohl hinsichtlich der Zielstellung, des Inhalts, des Gegenstands als auch der Methodologie. Diese Möglichkeit, die die marxistisch-leninistische Philosophie bietet, ist u. a. eine Folge dessen, daß ihre Begründer sie bewußt und zu Recht verstanden haben als die Aufhebung (im dialektischen Sinn — also auch als schöpferische Aufbewahrung) alles dessen, was die großen Philosophen von Demokrit und Aristoteles über Descartes, Spinoza und Leibniz bis zu Kant, Fichte, Hegel und Feuerbach über die Natur und ihre Erforschung gedacht haben. Zweifellos liegt in der Rezeption der Werke aller großen Philosophen der Vergangenheit eine der Stärken der marxistisch-leninistischen Philosophie, die der

Naturforscher sich zunutze machen muß, will er in seinem Fach zu den großen Fragen etwas Bleibendes beitragen.

Erinnern wir uns daran, daß Karl Marx sich schon 1841 in seiner Doktordissertation mit dem Atomismus von Demokrit und Epikur auseinandergesetzt hat. Der Atomismus war eine der größten und kühnsten Ideen von weltbildgestaltender Kraft, die die Naturphilosophie hervorgebracht hat, und zwar lange bevor die Naturwissenschaft damit etwas anfangen konnte. Auch als Marx seine Dissertation schrieb, steckte der naturwissenschaftliche Atomismus noch in den Anfängen: In der Chemie hatte er sich seit Dalton weitgehend durchgesetzt; die Physiker aber standen ihm noch äußerst skeptisch gegenüber. Es bedurfte noch der ganzen Lebenszeit Engels' und der ersten Jahre unseres Jahrhunderts, bis diese Skepsis überwunden werden konnte. Noch Lenins „Materialismus und Empiriokritizismus" ist ja ein Beitrag zur philosophischen Rezeption und Unterstützung der materialistischen atomistischen Positionen in der Physik. So scheint es kein Zufall zu sein, daß der nächste große Denker nach Marx, der sich mit Demokrit auseinandersetzte, der Physiker Boltzmann war.[1]

Wenn die Philosophie zu solch großartigen Voraussagen fähig ist, so ist zu fragen: Woher diese Überlegenheit? Wieso hat die Philosophie diese Fähigkeit?

Dazu ist zweierlei zu bemerken. Zum ersten: Wie Einstein einmal sagte, sind wirklich große neue Einfälle sehr selten. Aber Einfälle, die das verdienen, werden von den großen Denkern gepflegt, bewahrt und weitergegeben. Das gilt übrigens nicht nur für die Philosophie, sondern auch für die Mathematik: Große Ideen und Konzeptionen sind dort oft im Denkansatz da, lange bevor die Naturwissenschaft in der Lage ist, sie aufzunehmen und zu konkretisieren. Es werden Einsichten und Probleme formuliert, die die zeitgenössische Naturwissenschaft noch nicht beantworten, ja oft noch nicht einmal stellen kann.

Auch hierzu wieder ein historisches Beispiel, auf das auch Engels verweist[2]: die Diskussion zwischen Leibniz und Newton. Was die Physik seiner Zeit betraf, war Newton zweifellos kompetenter als Leibniz und diesem in jedem einzelnen Fachpunkt überlegen. Aber Leibniz hat Fragen gestellt, die zu beantworten Newton einfach abgelehnt hat (zum Teil mit schlechtem Gewissen und deshalb besonders scharf): die Fragen nach der Entwicklung des Kosmos, nach der Selbstkonsistenz der Naturgesetze, nach der Beziehung zwischen Kraft und Bewegung — und mit diesen Fragen hat Leibniz recht gehabt!

Die Fragen von Leibniz an Newton zielten darauf, Fachergebnisse — und zwar solche, die in diesem Fach sehr umfassend waren — in einen noch umfassenderen Zusammenhang, in den Kosmos der Wissenschaften, einzuordnen. Das gleiche taten Kant und Engels jeweils zu ihrer Zeit.

Um den zweiten Aspekt deutlich zu machen, kehren wir noch einmal zur Kontroverse von Newton und Leibniz zurück. Newton konnte sich zugute halten, daß er alle praktischen Detailfragen der Physik beantworten konnte. Er beschränkte sich auf das momentan Machbare. Das muß die Naturwissenschaft immer tun. Aber das führt leicht dazu, das z. Z. allein Bekannte auch für das allein Denkmögliche zu halten; das noch zu Machende gerät so aus dem Blick. Man muß — um abermals mit Einstein zu reden — „mit der Nase darauf gestoßen werden", was für Fragen noch möglich sind, und zwar Fragen von solchem Gewicht, daß man ihretwegen eine gute, bewährte, naturwissenschaftliche Theorie in Frage stellen muß! Auch dieses „Mit-der-Nase-darauf-Stoßen" ist häufig eine Leistung der Philosophie.

Das bisher skizzierte Verhältnis zur Naturwissenschaft zeichnet jede große Philosophie aus; die Philosophie der Arbeiterklasse ebenso wie die vormarxistische. Aber vor Marx und Engels waren Materialismus und Dialektik getrennt. Im allgemeinen war die Dialektik ein Vorzug der idealistischen Philosophie, und der vormarxsche Materialismus war im allgemeinen nicht dialektisch. Die einmalige philosophische Leistung von Marx und Engels bestand darin, Dialektik und Materialismus zusammenzubringen. Dadurch war es einerseits möglich, einen einheitlichen dialektisch-historischen Materialismus zu schaffen, der für Fragen der Gesellschafts- wie der Naturwissenschaften gleichermaßen zuständig ist und deshalb u. a. auch grundsätzliche Fragen der gesellschaftlichen Stellung der Naturwissenschaften zu lösen gestattet; zum anderen aber gewinnt dadurch die Naturphilosophie bei Marx und Engels eine grundsätzlich neue Qualität sowohl gegenüber Demokrit und Spinoza als auch gegenüber Aristoteles, Kant und Hegel.

Diese neue Qualität äußert sich u. a. darin, daß die Frage nach dem Wahrheitskriterium — eine der großen Fragen der Philosophie von Platon und Aristoteles bis zu Bacon und Kant — gültig gelöst werden konnte: mit der Erkenntnis der Einheit von Empirie und Theorie, die letztlich auf die Bewährung der modernen Naturwissenschaft in der gesellschaftlichen Praxis hinführt. Beleuchten wir dazu den Zusammenhang zwischen der Begründung der modernen Naturwissenschaft und der Entdeckung des Kausalitätsprinzips.

Es ist bekannt und allgemein anerkannt, daß die Antike auf einem Gebiet der Naturforschung[3] glänzendste Ergebnisse gehabt hat: in der Astronomie. Die antike Astronomie war in der Lage, auf der Grundlage von Beobachtungen mathematisch so genau zu kalkulieren, daß erst Kepler sie darin übertreffen konnte. Sie verfügte über exakte Rechenregeln und Beobachtungsvorschriften und erzielte damit exakte Ergebnisse. Ebenso anerkannt ist aber auch, daß die kopernikanische Wende[4] — von Copernicus und Kepler bis zu Galilei und Newton — für das Entstehen der modernen Naturwissenschaft von entscheidender Bedeutung war. Weshalb, so fragt sich, war man vor der kopernikanischen Wende in der Physik und in den übrigen Naturwissenschaften im Grunde nicht über das bloße Beschreiben der Naturprozesse hinausgekommen, wenn man doch eine so exakte Naturwissenschaft in Händen hatte? Engels gab die Antwort: Es fehlte am Experiment! Die reine Beobachtung — und sei sie auch noch so genau, werde sie auch noch so scharf begrifflich gefaßt und mathematisch auch noch so scharf formuliert — beweist bestenfalls ein „post hoc". Der Kausalzusammenhang — das „propter hoc" — kann nur durch aktives Eingreifen des Forschers in den Naturprozeß, durch das Experiment, verifiziert werden.[5] Dadurch, daß der Experimentator durch gezieltes Verändern der Bedingungen, unter denen ein Prozeß abläuft, den Ausgang dieses Prozesses gesetzmäßig verändert, findet er die Ursachen der erzielten Wirkungen. Dieses Herangehen begründet zu haben, war die besondere Leistung von Galilei. Ihm folgten in der Chemie Boyle und in der Biologie Harvey.

Damit ist der Kausalbegriff als Ergebnis menschlicher Praxis erkannt. Sein objektiver Inhalt zeigt sich in zweierlei Weise: Jede kausale Gesetzlichkeit, die sich beim Einwirken des Menschen auf Naturprozesse abgezeichnet hat, bewährt sich — in der entsprechenden theoretischen Verallgemeinerung — in jedem derartigen Prozeß, insbesondere auch in solchen, die völlig unabhängig vom Menschen ablaufen. Das ist das Prinzip der Einheit von irdischer (Labor-) und kosmischer Physik[6]. Zugleich versetzen richtig erkannte kausale Gesetzmäßigkeiten den Menschen in die Lage, Prozesse, Strukturen und Substanzen zu schaffen, die es in der Natur nicht gibt. Damit werden Produktionsinstrumente konstruierbar, die Technik der Produktion zielstrebig entwickelbar, die Natur beherrschbar. Als Engels in den siebziger Jahren des vorigen Jahrhunderts schrieb, daß die produktive Tätigkeit der menschlichen Gesellschaft mehr und mehr der Natur unbekannte Dinge schaffen werde, war dies eine Extrapolation aus einem damals noch sehr beschränkten Datenbestand. In der wissenschaftlich-technischen Revolution unserer Zeit hat sie sich aufs glänzendste bestätigt[7].

„Die moderne Physik liegt in Geburtswehen. Sie ist dabei, den dialektischen Materialismus zu gebären"[8]. Mit diesen Worten beschrieb Lenin 1908 — in der Entstehungszeit der Atomphysik, der Quanten- und Relativitätstheorie — eine der großen und tiefen Einsichten marxistischer Philosophen in die Geschichte der Physik. Aus dieser Einschätzung folgt aber auch, daß Engels es mit einer Physik zu tun hatte, die sich noch im vordialektischen Stadium befand. In der Tat: Die Physiker zu Engels' Zeit hatten weder die Grenzen der Newtonschen Mechanik noch Kants Apriorismus überwunden; sie waren sich der ihrem Fach innewohnenden Dialektik noch nicht bewußt. Engels' Meisterschaft und die Überlegenheit der von ihm mitbegründeten Philosophie zeigen sich gerade darin, daß er diese noch im metaphysischen Entwicklungsstadium befindliche Naturwissenschaft in ihren eigenen entscheidenden offen gebliebenen Fragen zur Rede stellen und auf ihre immanente Dialektik hinweisen konnte.

Auf drei dieser Probleme wies Engels hin; und die Lösung genau dieser Fragen führte später zur modernen Physik.

Die erste dieser Fragen ist die nach der Existenz des Elektrons. Wieso kann eine negative Ladungseinheit als Partikel stabil existieren? Müßte nicht die Coulombsche Abstoßung das Elektron zerstören? Diese Frage hat Engels gestellt[9], und zwar meines Wissens vor jedem Physiker, als erster Denker überhaupt. Für ihn war das ein konkreter Fall seines großen Problems von der Beziehung zwischen Attraktions- und Repulsionskräften in den Bewegungsgesetzen der Materie.

Dieses gleiche große Problem fand Engels zum zweiten Mal — und jetzt in voller dialektischer Reife — in der Frage der Entwicklung des Kosmos. Er erkannte, daß die Kosmogonie Kants und Laplaces — gewissermaßen gegen deren Willen — in der schon erwähnten Kontroverse zwischen Newton und Leibniz letzterem recht gab[10]. Sie enthält einen Gedanken, der in Newtons Theorie weder vom Ansatz noch vom Inhalt her möglich war und der Newtons Auffassung von der Ewigkeit, Unabdingbarkeit und Apriorität der Naturgesetze diametral entgegenstand: den Gedanken, daß Naturgesetze sich mittels des Zufalls durchsetzen, daß also der Zufall eine Form der Notwendigkeit sein kann. Die Entstehung des Planetensystems, so wie sie Kant darstellte, ist die Realisierung einer Naturgesetzlichkeit im Rahmen zufälliger Bedingungen. Dabei verwies Engels auf die Beziehung der Kantschen Kosmogonie zu Darwins Theorie von der Entwicklung des Lebens[11].

Diese Gedanken führten Engels direkt zur dritten Frage — der nach dem sogenannten Wärmetod. Eine der größten neuen Errungenschaften der damaligen Physik war die mechanische Wärmelehre mit dem ersten und dem zweiten Hauptsatz. Letzterer lehrte — und viele idealistische Popularphilosophen nehmen das sogar heute noch gerne als Argument —, daß die Natur sich einseitig entwickele, daß sich die Entropie nur vermehren könne, daß die Arbeitsfähigkeit der Energie fortlaufend zerstört werde, daß die Welt unaufhaltsam zur Unordnung strebe. Engels zeigte als erster — noch vor Boltzmann — daß diese These in tiefem inneren Widerspruch zum 1. Hauptsatz steht. Der zweite Hauptsatz ist ein Satz über das Verhalten makroskopischer Systeme; er hat — wie alle Gesetze dieser Art — seine spezifischen Bedingungen. Die spätere Naturwissenschaft, so meinte Engels, müsse Verletzungen des zweiten Hauptsatzes auffinden, und sie werde sie finden in Prozessen von zweierlei Art: in Vorgängen, die in Zeiträumen ablaufen, „für die unser Erdenjahr kein ausreichender Maßstab mehr ist ..., in dem jede endliche Daseinsweise der Materie, sei sie Sonne oder Dunstnebel ... gleicherweise vergänglich“[12] erscheint; und andererseits in molekularen Dimensionen: „In der Bewegung der Gase ... geht Massenbewegung direkt über in Molekularbewegung. Hier also der Übergang zu machen“[13]. Die Entdeckung der molekularen Schwankungserscheinungen, wie wir sie heute nennen — begonnen mit der berühmten Arbeit Einsteins von 1905 über die Theorie der Brownschen Bewegung[14], hat diese Ansicht von Engels vollauf bestätigt. Und es ist so gekommen, wie Engels vorhergesagt hat: Erst mit dem Nachweis dieser Erscheinungen setzte sich die von Engels, Boltzmann, Einstein, Planck und Lenin gegen die idealistische Philosophie, aber auch gegen große Naturforscher wie Mach und Ostwald, behauptete Realität der Atome und Moleküle endgültig durch.

Heute wird eine große Diskussion geführt zu kosmologischen und kosmogonischen Problemen. Einander entgegenstehende Schulen vertreten mit seriösen Argumenten Meinungen, die in ihrer Grundrichtung beide aus der Geschichte wohlbekannt sind. Das ist zum einen letztlich der Standpunkt von Newton, Kant und Laplace: Im Weltall kontrahiert alles, die Tendenz der Attraktion beherrscht den Kosmos — bis zur metaphysischen Konsequenz eines universellen Kollaps —; und die andere Schule geht mit Friedman und Einstein davon aus, daß alle großen kosmischen Systeme expandieren, daß die entscheidende kosmologische Tendenz die der Repulsion ist.

Um in dieser Diskussion weiterzukommen, sollten wir uns daran erinnern, daß das Wechselverhältnis von Attraktion und Repulsion eines der zentralen Probleme in Engels „Dialektik der Natur“ ist; und ich meine, Engels zeigt uns die Richtung, in der wir dieses Problem für heute lösen können. Für Engels nämlich waren diese beiden kontroversen Standpunkte nur Grenzfälle, einzelne Seiten eines dialektischen Verhältnisses von Attraktion und Repulsion: Beide zusammen sind die Grundformen der Bewegung[15], ihre Einheit macht das Wesen der Materie aus[16], das Wesentlichste ist nicht, daß eine von beiden hier oder da überwiegt — was man tatsächlich beobachten kann, aber nicht verabsolutieren darf —, sondern daß beide ineinander umschlagen[17], und wo es der Wissenschaft scheint, als habe sie einen großen, umfassenden Prozeß gefunden, in dem die eine der beiden Grundtendenzen vorherrscht, da ist sie von der Philosophie aufgerufen, zu forschen nach den Grenzen dieses Vorherrschens, nach den Umschlagpunkten von Attraktion in Repulsion und umgekehrt[18].

Beleuchten wir mit diesem Grundgedanken einige moderne Erkenntnisse und Ansichten[19].

Die Kosmogonie von Kant und Laplace extrapolierten auf Newtonscher Grundlage die dominierende Rolle der gravitativen Attraktion auf beliebig große Systeme, beliebige Massendichten und Energien. Später versuchten Jeans und seine Nachfolger auch die Bildung der Galaxien und Galaxienhaufen aus der Kontraktion primärer kosmischer Gaswolken zu verstehen, wobei die Kontraktion von lokalen Gravitations-Instabilitäten ausgeht.

Nach diesen reinen Attraktions- und Accretions-Hypothesen sind alle kosmogonischen Prozesse verschiedene Formen von „Gravitations-Kollapsen“; aus Gravitations-Instabilitäten von Urwolken entstehen kontrahierende kosmische Gebilde verschiedenster Größe, z. B. die Sterne und Sternsysteme. Auch die Entwicklungsgeschichte etwa eines Sterns ist letztlich die Geschichte seines weiteren allmählichen Gravitations-Kollaps, der durch lange Zwischenperioden (Millionen oder Milliarden von Jahren) zwar aufgehalten wird, aber schließlich zum totalen Zusammenbruch des Sterns unter der Wirkung seines eigenen Gravitationsfeldes führt. Hierbei geht dieser Zusammenbruch um so schneller vor sich — die Zwischenetappen der relativen Stabilität sind um so kürzer —, je größer die Sternmasse ist.

Engels hatte — wie schon gesagt — die Einseitigkeit der Lehre von einer ausschließlich attraktiven Wechselwirkung kritisiert und die Frage nach dem dialektischen Gegenstück zur Gravitation, nach einer kosmischen Repulsion, gestellt. Diese Frage wurde für die theoretische Physik vor allem durch Einsteins relativistische Gravitationstheorie brisant. Aus dieser Theorie folgt notwendig, daß es Grenzmassen und Grenzmassendichten gibt, über die hinaus keine der mikrophysikalischen Repulsivkräfte den „Gravitations-Kollaps“ mehr abstoppen kann. Die extremste Konsequenz dieser Theorie ist daher die zur Zeit viel besprochene Hypothese vom letztendlichen Gravitations-Kollaps aller Sterne und Sternsysteme in „Schwarze Löcher“. Diese hätten mit ihrer Umwelt nur noch einen einzigen Kontakt, nämlich die Newtonische Anziehung; immer weitere Materie würde aus der Umgebung in das Loch hineingezogen. Das Ergebnis wäre — wie Einstein kritisch angemerkt hat — ein „Veröden" des Kosmos[20].

Gerade Einsteins Allgemeine Relativitätstheorie einerseits und die astronomische Erforschung der Metagalaxis andererseits geben nun aber ein großartiges Gegenspiel zu dieser einseitigen Betonung von Gravitations-Attraktion und Gravitations-Kollaps. Die größte uns bekannte Masse, die aus allen bekannten Galaxien bestehende Metagalaxis, expandiert. Diese Expansion ist die aus den Einsteinschen Gravitationsgleichung herleitbare und von der Astronomie nachgewiesene, seit über 50 Jahre erforschte „Fluchtbewegung der Galaxien", die sog. „Expansion des Kosmos".

Der sowjetische Astrophysiker V. A. Ambarzumjan hat auf andere großräumige kosmogonische Entwicklungsprozesse hingewiesen, bei denen ebenfalls Repulsivkräfte und Expansionsbewegungen dominieren[21]. Ambarzumjan entdeckte Stern-Assoziationen, die durch den Zerfall von Haufen zahlreicher kosmogonisch junger Sterne entstanden sind. Auch die Entwicklung gerade der kompaktesten und massereichsten Subsysteme der Metagalaxis, der „kompakten Haufen von kompakten Galaxien", wird durch explosionsartig ablaufende Expansionsprozesse bestimmt. Es scheint so, als ob die kompakten Galaxien durch den Zerfall einer sehr massereichen und sehr dichten „Supergalaxis" entstehen und als ob die normalen Galaxien ihrerseits wiederum das Ergebnis einer explosionsartigen Expansion der Kompaktgalaxien sind, die dann die Kerne der normalen Galaxien bilden. Nach diesen kosmogonischen Vorstellungen sind gerade bei sehr massereichen kosmischen Gebilden, nämlich bei Sternsystemen von vielen Milliarden Sonnenmassen, die Frühphasen ihrer Entwicklung Zustände hoher Dichte, und ihre weitere Geschichte ist ihre Expansion und damit die Verdünnung ihrer Materie. In diesen Prozessen hätten also die kosmischen Repulsivkräfte das Übergewicht.

Ein derartiges Bild ist derzeit vorwiegend auf induktivem Weg entstanden. Es widerspricht der bisherigen Gravitationstheorie von Newton bis Einstein, nach der sehr große und sehr dichte Massen notwendig und unaufhaltsam kollabieren müssen. So entstehen neue Grundlagenfragen für die Physik: Die vorhandene Theorie muß überarbeitet werden.

Im Rahmen solcher neueren theoretischen Arbeiten konnten wir zeigen, daß es eine „Absorption der Schwerkraft" geben kann. In den bisher entwickelten theoretischen Modellen war diese Erscheinung nicht berücksichtigt; bei sehr großen Dichten kann sie aber eine entscheidende Rolle spielen.

Dieses neue Phänomen der „Absorption der Gravitation" wird nach unserer Theore gerade in solchen Zuständen ausschlaggebend, in denen nach der Einsteinschen Relativitätstheorie eine reine Newtonsche Attraktion zum unaufhaltsamen momentanen Kollaps der Sterne oder der Galaxis führen müßte. Bei solchen großen Massen und hohen Massendichten verschwindet nach der neuen Theorie die Newtonsche Attraktion fast völlig; und es scheint, als sei hier eine solche Grenze gefunden, „wo Attraktion in Repulsion umschlägt"[22], wie Engels vermutete. In diesem extremen Zustand ist der Materie offenbar eine allgemeine Tendenz zur Expansion eigen: Eine kleine Störung ihres Gleichgewichts führt zur Expansionsbewegung.

Bei einer solchen Expansion großer kosmischer Massen baut sich mit schnell abnehmender Schwerkraftabsorption die normale Newtonsche Gravitation selbst erst auf. In dem Maß, wie die Massendichte des Systems abnimmt, bekommt sie schließlich ihren vollen Newtonschen Betrag; und dann gelten — vor allem für die Subsysteme eines solchen expandierenden kosmischen Objekts — die Voraussetzungen von Kants Kosmogonie nach Newtonschen Grundsätzen. Diese Subsysteme entwickeln sich aus Gravitations-Instabilitäten schließlich zu Objekten, die sich durch Gravitations-Attraktion zusammenballen — z. B. zu Sternen. In deren Weiterentwicklung kann schließlich wieder der Zeitpunkt eintreten, zu dem ihre (mit unterschiedlichen Geschwindigkeiten ablaufende) Kontraktion wieder die Tendenz hat, in eine Expansion umzuschlagen.

Dieser theoretische Ansatz muß noch weiter ausgebaut werden, sowohl physikalisch als auch mathematisch. Immerhin kann mit seiner Hilfe erklärt werden, wieso der Kosmos in seiner bislang unendlichen Existenz nicht verödet ist — sei es, daß alle Massen in „Schwarzen Löchern" verschwunden wären oder daß sie sich durch ewigwährende Zerstreuung nahezu gleichmäßig verteilt haben müßten. Der Denkansatz von Engels, daß das Wechselspiel von Attraktion und Repulsion das Wesen des kosmogonischen Entwicklungsprozesses ausmachte, war und ist für meine und meiner Kollegen Arbeiten zur Astrophysik und Gravitationstheorie jene fruchtbare Provokation, von der eingangs die Rede war.

Anmerkungen

1 Der nächste große Physiker, der sich gründlich mit Demokrit beschäftigt hat, war Einstein. Er hat den Philologen Diels unterstützt, als dieser im Auftrag der Berliner Akademie die Werke von Lukrez — dem großen Atomisten und materialistischen Philosophen der Römer — herausgab, und dieses Werk nach Diels' Tod zu Ende geführt.

2 F. Engels, Dialektik der Natur, MEW, Bd. 20, Berlin 1962, S. 315 u. 476.

3 Hierbei lassen wir die Frage beiseite, ob die Mathematik eine Naturwissenschaft sei, und klammern die Mathematik aus.

4 H.-J. Treder, Copernicus und die kopernikanische Revolution heute, „Wissenschaft und Fortschritt" 2/1973, S. 55.

5 F. Engels, a. a. O., S.497 f.

6 Vgl.: H.-J. Treder, a. a. O.

7 Vgl.: G. Albrecht, Physik künstlicher Mikrostrukturen, „spectrum" 9/80, S. 7 und K. Fuchs, Zur Physik der Artefakten, „spectrum" 9/80, S. 22.

8 W. I. Lenin, Materialismus und Empiriokritismus, Werke Bd. 14, Berlin 1962, S. 316.

9 F. Engels, a. a. O., S. 400 ff.

10 A. a. O., S. 315 f., 465 f.; F. Engels, Herrn Eugen Dührings Umwälzung der Wissenschaft, a. a. O., S. 22

11 F. Engels, Dialektik der Natur, a. a. O., S. 486—490.

12 A. a. O., S. 327.

13 A. a. O., S. 545, siehe auch: S. 510 u. S. 546; Vgl.: H.-J. Treder, Friedrich Engels und der 2. Hauptsatz der Thermodynamik, „Wissenschaft und Fortschritt", 5/71, S. 201.

14 Vgl.: B. R. Rompe und H.-J. Treder, Über Physik, Berlin 1979, S. 41.

15 F. Engels, Dialektik der Natur, a. a. O., S. 356 f.

16 A. a. O., S. 509 f.

17 A. a. O., S. 512 f.

18 A. a. O., S. 325 ff., 356 f., 510, 544 f. Diese Bemerkung von Engels betrifft genauso wie die Kosmologie auch die Elementarteilchenphysik; hier geht es um die „große Unitarisierung", eine einheitliche Feldtheorie der attraktiven und repulsiven Wechselwirkungen, welche das Wesen der Teilchen selbst ausmachen.

19 Vgl. auch: H. Hörz und H.-J. Treder, Neue naturwissenschaftliche Erkenntnisse über den Kosmos in weltanschaulicher Sicht, „Einheit" 5/77, S. 606.

20 A. Einstein, Kosmologische Betrachtungen zur allgemeinen Relativitätstheorie, Preussische Akademie der Wissenschaften, Sitzungsberichte Berlin 1917, S. 142—152.

21 V. A. Ambarzumjan, Die Entwicklungsprozesse im Universum, „spectrum" 10/75, S. 14; V. A. Ambarzumjan (Hrsg.), Probleme der modernen Kosmogonie, Berlin 1976 ; vgl. auch: V. A. Ambarzumjan, Nichtstationäre Objekte im Weltall, „Wissenschaft und Fortschritt" 1/76, S. 31.

22 F. Engels, Dialektik der Natur a. a. O., S. 510.

Herbert Hörz

Zur aktuellen Bedeutung des philosophischen Erbes von Friedrich Engels für das heutige Verhältnis von Philosophie und Naturwissenschaften

Wenn der marxistisch-leninistischen Philosophie die Fähigkeit und die Aufgabe zugesprochen wird, die Naturwissenschaft durch Fragen voranzutreiben, so ergibt sich daraus für den Philosophen: Wie kommt er zu diesen Fragen, die über seine Zeit hinauswirken? Offenbar können wir von Engels u. a. lernen, solche Fragen zu stellen, indem wir die Geschichte der Philosophie und der philosophischen Systeme studieren und so jene philosophischen Prinzipien herausarbeiten, die der Ausgangspunkt für weiterreichende Fragen sind — aber nur dann, wenn es uns gleichzeitig gelingt, die Wissenschaftsentwicklung und die gesellschaftliche Praxis zu analysieren. Deshalb erfordert die Zusammenarbeit von marxistisch-leninistischen Philosophen und Naturwissenschaftlern sowohl philosophische Fragen des Naturwissenschaftlers an den Philosophen als auch philosophische Hypothesen, mit denen der Philosoph jene provozierende Wirkung ausüben kann, die der Naturwissenschaftler von ihm braucht und erwartet.

In der Beziehung von Naturwissenschaft und Philosophie wird gern die heuristische Funktion der Philosophie in den Vordergrund gestellt. Wir haben aber mit Engels drei Funktionen der Philosophie zu unterscheiden. Ihre zentrale Funktion ist die weltanschauliche; davon können ihre ideologische und ihre heuristische Funktion abgeleitet werden.

Die weltanschauliche Funktion der Philosophie besteht letzten Endes darin, das wissenschaftliche Material und die gesellschaftliche Erfahrung zu nutzen, um unsere Weltanschauung wissenschaftlich zu begründen. Unter Weltanschauung verstehen wir ein System von Antworten auf die Fragen nach dem Ursprung der Welt und der Quelle des Wissens, nach der Stellung des Menschen in der Welt und dem Sinn des Lebens sowie nach dem Charakter des gesellschaftlichen Fortschritts.

Mit der Analyse des naturwissenschaftlichen Materials ist, wie man sieht, eine umfassendere Sicht verbunden. Man sollte nicht etwa meinen, die Naturwissenschaft würfe nur erkenntnistheoretisch-methodologische Fragen auf — mit der naturwissenschaftlichen Entwicklung wird eine Vielzahl weltanschaulicher Fragen aktuell. Zum Beispiel wird heute international unter Naturwissenschaftlern sehr umfangreich diskutiert, ob man nicht die naturwissenschaftliche Erkenntnis gewissermaßen von der ethisch-moralischen Seite her ergänzen muß. Dabei treten sehr starke irrationale Tendenzen hervor, die in ihrem rationellen Kern Antworten verlangen auf die Frage nach der moralischen Verantwortung des Wissenschaftlers heute, nach der Stellung des Menschen und nach dem Sinn des Lebens — und damit verbunden auch nach dem Sinn wissenschaftlichen Arbeitens. Das heißt, es werden heute aus naturwissenschaftlicher Sicht viele Fragen gestellt, die man als alte philosophische Fragen bezeichnen kann: Was ist der Mensch? Was kann man hoffen? Was soll man tun? — um mit Kant zu sprechen.

Diese weltanschauliche Funktion dient dazu, Handlungsorientierungen auszuarbeiten; und das führt direkt zur ideologischen Funktion der Philosophie. Denn jegliche Philosophie ist Reflex von Klasseninteressen; und ganz besonders die Philosophie der Arbeiterklasse muß motivierend und willensbildend wirken, um gesellschaftliche Veränderungen im Interesse des Fortschritts zu erreichen. Die weltanschauliche Frage nach dem Sinn unserer Arbeit, nach der Stellung des Menschen in der Welt taucht ja gerade in diesem Zusammenhang auf. Unsere Weltanschauung fordert Aktivität im Dienst des gesellschaftlichen Fortschritts.

Die heuristische Funktion der Philosophie verlangt, die Begriffs- und Theoriengeschichte zu analysieren, philosophische Hypothesen zu entwickeln, Denkweisen zwischen verschiedenen Wissenschaften zu übertragen und letzten Endes durch Lösen von weltanschaulichen, erkenntnistheoretischen und methodologischen Problemen erkenntnisfördernd zu wirken. Wir hatten und haben ausführliche Diskussionen über Modellierung, Systemanalyse u. ä.; wir diskutieren das Verhältnis von Experiment, Modell und Theorie. Hier und bei ähnlichen Diskussionen ist ein weites Feld, auf dem wir — das Erbe Engels' nutzend — die heuristische Funktion der Philosophie in der Gegenwart entfalten können.

Gerade unter dem Gesichtspunkt der Einheit jener drei Funktionen der Philosophie ist es wichtig, stets die Aktualität der philosophischen Auffassungen von Engels im Detail zu belegen[1], wie das H.-J. Treder am Beispiel der Physik gezeigt hat: durch die Aufnahme des Gedankenguts von Boltzmann, durch die Analyse des Streits zwischen Leibniz und Newton usw. Es bleibt eben an der Oberfläche, wenn z. B. der Mathematiker Meschkowski meinte, weil Engels 1895 gestorben ist und nichts von Quanten- und Relativitätstheorie wissen konnte, stand er im Denken des 19. Jh. Ähnlich hat sich auch Heisenberg einmal geäußert. Engels ist aktuell auch für die Naturwissenschaft, weil ihn seine philosophische Analyse des im 19. Jh. erreichten Erkenntnisstands befähigt hat, über die zeitgenössischen Tendenzen hinauszudenken und uns Hinweise zu hinterlassen sowohl zu speziellen einzelwissenschaftlichen Fragen als auch zur Methodik.

Schon gar nicht kann man sich mit der Ansicht einverstanden erklären, wie sie z. B. zu Beginn unseres Jahrhunderts Friedrich Adler vertreten hat. Dieser warf Engels mechanischen Materialismus vor, weil er sich des Vokabulars der noch weitgehend mechanizistischen Naturwissenschaft seiner Zeit bedient hat, von Äther u. ä. sprach. Leider wurde das indirekt unterstützt durch Wissenschaftler, die die Relativitätstheorie, die Quantentheorie u. a. von mechanizistischen Positionen aus kritisierten und sich dabei auf die „Dialektik der Natur" beriefen. Man muß aber klarstellen, daß das — im Kern der Sache — durchaus normale und unvermeidliche Diskussionen waren, um das Neue, das diese physikalischen Theorien für das Weltbild gebracht hatten, zu bewältigen; und immerhin wurden ja in dieser Diskussion die Mechanizisten von den Dialektikern unter den dialektischen Materialisten sowie unter den dialektisch-materialistisch denkenden Physikern widerlegt.

Selbstverständlich wäre zur Aktualität des Erbes von Engels speziell für die Naturwissenschaft noch sehr viel mehr zu sagen; ich muß es hier bei diesen beiden Hinweisen belassen. Ein Gedanke aber erscheint mir wichtig, auch in diesem Zusammenhang hervorgehoben zu werden, obwohl er bei weitem nicht nur für das Verhältnis von Philosophie und Naturwissenschaft interessant ist.

Marx, Engels und Lenin haben eine in sich konsistente, Natur, Gesellschaft und Bewußtsein umfassende, wissenschaftliche Weltanschauung aufgebaut. Sie kann weder auf eine Naturphilosophie noch auf eine Gesellschaftstheorie allein reduziert werden. Gerade letzteres haben immer wieder Revisionisten und andere versucht, vom frühen Lukacz bis zu Sartre und der Frankfurter Schule. Solche Versuche laufen darauf hinaus, den Marxismus-Leninismus an einer Stelle zu amputieren, wo das schwerer durchschaubar ist. Damit soll letztlich die Wissenschaftlichkeit des Marxismus-Leninismus, die wissenschaftliche Beweisbarkeit der einheitlichen Weltanschauung der Arbeiterklasse getroffen werden.

Wie immer in der weltanschaulichen Polemik, geht es dabei nicht nur darum, solche Angriffe zurückzuweisen, sondern zugleich darum, den dialektischen Materialismus angesichts neu entstehender Probleme schöpferisch weiterzuentwickeln. Wir haben Anlaß, so wie es uns Engels gezeigt hat, auf unserem festen weltanschaulichen Fundament stärker die heuristische Kraft unserer Philosophie wirksam zu machen, z. B. um Methoden aus den Naturwissenschaften effektiver für die Gesellschaftsanalyse zu nutzen, gesellschaftliche Aspekte der Naturgestaltung besser auszuarbeiten und die Rolle natürlicher Bedingungen für gesellschaftliche Existenz — wie Rohstoffe, Energie, Umwelt, genetisch-biotische Determinanten der Persönlichkeitsentwicklung u. a. — noch besser zu beachten.

Mit der Dialektik von Empirie und Theorie hat sich Engels sehr intensiv befaßt. Naturwissenschaftler betonen gern die Bedeutung einer exakten Induktion. Diese ist nicht zu bestreiten, nur sollte man sich dabei stets an Engels' Hinweise erinnern, daß in der Wissenschaft „Empirie, die sich das Denken möglichst selbst verbietet“[2] oder es sich „höchstens in der Form des mathematischen Rechnens erlaubt“[3], zum blinden Tasten wird[4] und schließlich in ihr eigenes Gegenteil umschlägt, indem sie „nicht nur falsch denkt, sondern auch nicht imstande ist, den Tatsachen treu zu folgen oder sie nur treu zu berichten“[5] und schließlich gar bei Geisterseherei und Mystizismus landet[6]. Im Zusammenhang mit der Rolle der Theorie in jeder exakten Wissenschaft betonte Engels zugleich die Notwendigkeit der „Bekanntschaft mit dem geschichtlichen Entwicklungsgang des menschlichen Denkens“ und damit mit der Philosophie[7].

Sehr lehrreich ist Engels' Hinweis auf die Herausbildung der Thermodynamik: „Die Dampfmaschine gab den schlagendsten Beweis, daß man Wärme einsetzen und mechanische Bewegungen erzielen kann. 100 000 Dampfmaschinen bewiesen das nicht mehr als Eine, drängten nur mehr und mehr die Physiker zur Notwendigkeit, dies zu erklären. Sadi Carnot war der erste, der sich ernstlich dranmachte. Aber nicht per Induktion. Er studierte die Dampfmaschine, analysierte sie, fand, daß bei ihr der Prozeß, auf den es ankam, nicht rein erscheint, von allerhand Nebenprozessen verdeckt wird, beseitigte diese für den wesentlichen Prozeß gleichgültigen Nebenumstände und konstruierte eine ideale Dampfmaschine (oder Gasmaschine), die zwar ebensowenig herstellbar ist wie z. B. eine geometrische Linie oder Fläche, aber in ihrer Weise denselben Dienst tut wie diese mathematischen Abstraktionen: Sie stellt den Prozeß rein, unabhängig, unverfälscht dar. Und er stieß mit der Nase auf das mechanische Äquivalent der Wärme ..., das er nur nicht entdecken und sehn konnte, weil er an den Wärmestoff glaubte. Hier auch der Beweis vom Schaden falscher Theorien"[8]. Engels' Schlußfolgerung: Man sieht „wie wenig die Induktion den Anspruch hat, einzige oder doch vorherrschende Form der wissenschaftlichen Entdeckung zu sein"[9]. Damit wertet Engels die Induktion keineswegs ab — im Gegenteil: Er zeigt ihren Platz in der Geschichte des Methodensystems, er fordert zum Nachdenken über den gesamten Induktionsprozeß auf[10], zum Nachdenken über die Dialektik der Erkenntnis. Ohne Empirie wird die Theorie letztlich zur bloßen Spekulation; aber ohne Theorie verliert die Empirie ihren Kompaß und ist zumindest nicht mehr allgemein nutzbar.

Wir sollten Engels' Hinweise nutzen, um noch mehr nachzudenken über Zusammenhänge im Methodensystem. Dessen Eckpunkte — so meine ich — sind die experimentelle Methode (die praktische Auseinandersetzung mit objektiven Systemen), die historische Methode (die Einordnung sowohl des Erkannten in die Geschichte des Erkenntnisobjektes als auch der benutzten Methoden in den gesellschaftlichen Erkenntnisprozeß) und die mathematisch-logische Methode (die schöpferische Konstruktion theoretischer Systeme mit möglichen formalisierbaren Strukturen unter Beachtung der Denkgesetze)[11].

In diesem Zusammenhang gewinnen auch aktuelle internationale Diskussionen über Mathematisierung und Humanisierung einen speziellen Aspekt, der abermals auf die enge Verbindung von heuristischer und weltanschaulicher Funktion der Philosophie verweist. Es geht nämlich bei diesen Diskussionen nicht nur um das Verhältnis zwischen der Mathematik und den einzelnen Natur- und Gesellschaftswissenschaften, sondern gerade um das Einbeziehen philosophischer, dialektischer Gedanken in die einzelwissenschaftliche Methodik.

Zum anderen geht es bei diesen Diskussionen um das Problem der materialistischen Begründung der Mathematik. Hierzu ist noch einmal Meschkowski zu nennen, der, gegen Engels gewandt, feststellte, man könne doch die moderne Mathematik nicht einfach als Ergebnis eines Abstraktionsprozesses denken, die mathematischen Gegenstände seien doch nicht einfache Abbilder realer Dinge. Soweit es um das Wörtchen „einfach" geht, trifft das zu, doch kann es nicht gegen Engels ins Feld geführt werden. Wo dieser nämlich den Abbildcharakter der Mathematik betont, geht es ihm um das Grundverhältnis — letzten Endes um die Grundfrage der Philosophie. Daß der Weg vom objektiv-realen Gegenstand oder

Prozeß zur mathematischen Abstraktion sehr weit, sehr verschlungen und sehr vermittelt ist und daß die mathematischen Gegenstände ihre eigne Dialektik haben, geht u. a. hervor aus Engels' Betrachtungen über die Dialektik der Zahl [12] oder über die Dialektik von Endlichem und Unendlichem[13]. Wir sollten mit Engels klarstellen, daß die Frage nach der Begründung der Mathematik in verschiedene Aspekte aufgelöst werden muß, soll sie lösbar werden: einmal in die Frage nach dem (letztlichen) Ursprung der mathematischen Theorien, wobei die Rolle sowohl der Erfahrungen, die jeder Mensch mit der objektiven Realität macht, als auch der Denkgesetze (der axiomatisierten Erfahrung) zu beachten ist; zum anderen in die Frage nach der Verbindung von mathematischen Theorien mit der objektiven Realität bei der Nutzung der Mathematik; zum dritten in die Frage nach dem Schöpferischen in der Widerspiegelung, der Sprache und der Mathematik.

Zum Schluß einige Bemerkungen zum Entwicklungsprinzip, dem Engels im Gefüge der Denkmethoden einen ganz besonderen Platz zugemessen hat. Er hielt es für den Kern der materialistischen Dialektik und verfolgte sehr aufmerksam den Übergang vom statischen Struktur- zum Prozeßdenken bis zum 19. Jh. sowie die verschiedenen Schritte zum Entwicklungsdenken. Er stellte aber auch klar, daß zur Entwicklung nicht nur die Tendenz zur Höherentwicklung gehört, sondern ebenso Stagnation und Regression[14]. Er unterschied die qualitative Veränderung, das Umschlagen, als Mechanismus der Entwicklung, die Negation der Negation als Richtung der Entwicklung und den dialektischen Widerspruch als Quelle der Entwicklung. Entscheidend waren ihm die Übergänge von einer Bewegungsform zur anderen. Dieser Gedanke findet sich schon in jenem berühmten Brief an Marx vom 30. Mai 1873, der als die Geburtsurkunde der „Dialektik der Natur" betrachtet werden kann[15], und er zieht sich durch die gesamte „Dialektik der Natur" wie ein roter Faden.

Wenn Lenin anfangs unseres Jahrhunderts feststellen konnte, die Physik sei dabei, den dialektischen Materialismus zu gebären, so können wir heute dasselbe auch von anderen Wissenschaften sagen, z. B. von der Biologie. Recht eindrucksvoll sichtbar wird das an einer Bemerkung, die Engels im Zusammenhang mit der Diskussion über den 2. Hauptsatz der Thermodynamik gemacht hat. Aus prinzipiellen Gründen hielt er es für zwingend, den 1. Hauptsatz und damit die Erkenntnis von der Unzerstörbarkeit der Bewegung nicht bloß quantitativ, sondern auch qualitativ zu fassen, also der Materie die unerschöpfliche Fähigkeit zuzusprechen, „ihre Bewegung zu differenzieren und ... den ganzen Reichtum dieser Bewegung zu entfalten". Und das bedeutet, sagt er weiter, daß die der Materie eigene mechanische Bewegung nicht nur „die Möglichkeit in sich trägt, unter günstigen Bedingungen in Wärme, Elektrizität, chemische Aktion, Leben umzuschlagen", sondern daß die Materie auch imstande sein muß, „diese Bedingungen aus sich selbst zu erzeugen"[16]. Ist nicht gerade die Art und Weise, wie die Materie aus sich selbst heraus Bedingungen erzeugt für das Entstehen komplizierter Strukturen, heute Forschungsgegenstand — z. B. in der Theorie dissipativer Strukturen[17]? Wird nicht auf diese Weise die Thermodynamik heute auch zu einer Rahmentheorie für die biologische Evolutionsforschung? Und denken wir nicht heute, wenn wir auf Symmetriebrüche stoßen und mit Bifurkationsanalysen[18] arbeiten müssen, beinahe zwangsläufig daran, daß wir wohl wieder einem qualitativen Umschlag auf die Spur gekommen sein werden?

Fassen wir zusammen:
— wir müssen die weltanschaulichen und heuristischen Potenzen der materialistischen Dialektik noch besser nutzen, indem wir grundsätzliche Probleme — wie Determinismus, Widerspiegelung, Entwicklung — in ihrer Bedeutung für die moderne naturwissenschaftliche Forschung diskutieren.
— Wir müssen die Zusammenarbeit von Natur-, Gesellschafts- und Technikwissenschaftlern noch stärker organisieren, und zwar so, daß dabei gleichzeitig die Analyse unseres methodischen Instrumentariums zur Lösung komplexer Probleme vorangetrieben wird.

Anmerkungen

1 Vgl.: K. Hager, Engels' „Dialektik der Natur" und die Gegenwart, Berlin 1975.
2 F. Engels, Dialektik der Natur, MEW, Bd. 20, Berlin 1962, S. 395.
3 A. a. O., S. 415.
4 A. a. O., S. 478.
5 A. a. O., S. 395.
6 A. a. O., S. 345 f.
7 A. a. O., S. 330 f.
8 A. a. O., S. 496 f.
9. A. a. O., S. 496.
10 A. a. O.
11 Vgl.: N. Hager, Ist die Physik anschaulich?, Wissenschaft und Fortschritt, 7/77, S. 303; H. Hörz, Dialektik und Methodologie, Wissenschaft und Fortschritt 7/76, S. 314; R. Mocek, Methoden als Denkwege, Wissenschaft und Fortschritt, 8/80, S. 303.
12 F. Engels, a. a. O., S. 521—526.
13 A. a. O., S. 529—534.
14 A. a. O., S. 324, 327, 504, 555, 564.
15 Brief Engels an Marx in Manchester vom 30. Mai 1873, MEW, Bd. 33, Berlin 1966, S. 80 f.
16 F. Engels, Dialektik der Natur, a. a. O., S. 325.
17 Vgl.: W. Ebeling, Wie können Strukturen spontan entstehen? Wissenschaft und Fortschritt, 7/76, S. 309 sowie H. Beßerdich und E. Kahrig, Dissipative Strukturen in Physik und Biologie, „Wissenschaft und Fortschritt", 9/76, S. 386.
18 Vgl.: H. G. Bothe, Katastrophentheorie, Wissenschaft und Fortschritt, 8/77, S. 343.

Günter Kröber

Friedrich Engels' Sicht, die Wissenschaftsentwicklung betreffend

Die wissenschaftliche Leistung von Friedrich Engels hat wohl niemand klarer und umfassender gewürdigt als Lenin, der im Literaturanhang zu seinem biographischen Abriß über Karl Marx feststellte: „Man kann den Marxismus nicht verstehen und nicht in sich geschlossen darlegen, ohne *sämtliche* Werke von Engels heranzuziehen."[1] Als Mitbegründer des wissenschaftlichen Sozialismus nimmt Engels in der Geschichte der revolutionären Arbeiterbewegung, ihrer Theorie und Praxis neben Marx und Lenin einen unvergänglichen Platz ein. Das Gründungsdokument der kommunistischen Bewegung trägt — wie auch viele andere Grundwerke des Marxismus — seinen Namen neben dem von Marx. Das ökonomische Hauptwerk von Marx wäre unvollendet geblieben, hätte Engels in genauer Kenntnis der Marxschen Intentionen es nicht zu Ende geführt. In der Auseinandersetzung mit Eugen Dühring leistete Engels der Arbeiterbewegung nicht nur einen aktuellen ideologischen Dienst, sondern legte die drei Bestandteile des Marxismus in klassisch geschlossener Form vor, in der sie für die kommunistische und Arbeiterbewegung heute noch Richtschnur und Anleitung zum Handeln ist. Mit seinen — z. T. mit Marx gemeinsam verfaßten — philosophischen Werken, seinem Fragment zur „Dialektik der Natur" und seinen Altersbriefen über Probleme des historischen Materialismus hat Engels die Philosophie und Weltanschauung der Arbeiterklasse und ihrer Partei entscheidend mitbegründet. Doch keine seiner wissenschaftlichen Einzelleistungen kann aus seinem Gesamtwerk herausgehoben und vor anderen ausgezeichnet werden. Jede für sich genommen hätte genügt, ihrem Schöpfer einen der höchsten Plätze in der Geschichte der Wissenschaft und der revolutionären Arbeiterbewegung zu sichern.

Hans-Jürgen Treder hat in seinem Vortrag die *philosophische* Leistung von Friedrich Engels und die wegweisende Bedeutung der marxistisch-leninistischen Philosophie für die Naturwissenschaft gewürdigt. Gestatten Sie, daran einige thesenhafte Bemerkungen anzuschließen, die Engels' Sicht dessen betreffen, *wie Wissenschaft sich entwickelt.*

1. Eine der Thesen aus H.-J. Treders Vortrag lautet:
„Der revolutionäre Umbruch einer Fachwissenschaft beruht, wie Engels an konkreten historischen Beispielen gezeigt hat, nicht nur und nicht vorzüglich auf der Entwicklung der Ideen dieser Fachwissenschaft selbst, sondern auf der Rezeption

von Problemen und Ideen aus der allgemeinen Praxis und allgemeinen geistigen Entwicklung der Menschheit."

Eine der revolutionären Perioden, an denen Engels die zitierte These belegte, war die durch Kopernikus eingeleitete Emanzipation der Naturforschung von der Theologie. Engels beschreibt diesen Prozeß in der Alten Einleitung zur „Dialektik der Natur", die wahrscheinlich in der Mitte der siebziger Jahre des vorigen Jahrhunderts entstanden ist. Der Engelssche Gedanke, auf den es mir ankommt, findet sich gleich im Anschluß daran. Engels schreibt dort nämlich: „Von da an ging auch die Entwicklung der Wissenschaften mit Riesenschritten vor sich und gewann an Kraft, man kann wohl sagen im quadratischen Verhältnis der (zeitlichen) Entfernung von ihrem Ausgangspunkt."[2] Die Formulierung „man kann wohl sagen" deutet darauf hin, daß Engels hier wohl mehr ein mathematisches Bild entwerfen als eine strenge mathematische Gesetzmäßigkeit der Wissenschaftsentwicklung formulieren wollte. Immerhin ist seine Beobachtung bemerkenswert, die er — etwa zur gleichen Zeit: 1874 — beim Studium der Haeckelschen „Schöpfungsgeschichte" und „Anthropogenie" machte, daß nämlich „das Gesetz der Beschleunigung nach dem Quadrat der zeitlichen Entfernung vom Ausgangspunkt" für „die ganze Entwicklung der Organismen" anzunehmen sei,[3] und offenbar war er geneigt, es auch für die Entwicklung der Wissenschaft anzunehmen: „Je höher, desto rascher geht's."[4] In dieser Formulierung gilt die Aussage in der Tat sowohl für die ganze Entwicklung der Organismen als auch für die Entwicklung der Wissenschaft, weil sie ein Merkmal evolutionierender Systeme, ein Merkmal von Entwicklung überhaupt benennt. Was Engels hier richtig bemerkte, läßt freilich verschiedene mathematische Abhängigkeiten zu; die Beschleunigung nach dem Quadrat der zeitlichen Entfernung vom Ausgangspunkt ist nur *eine* mögliche und wahrscheinlich nicht die generell zutreffende.

30 Jahre früher hatte Engels eine etwas andere Vermutung geäußert. In seiner ersten ökonomischen Arbeit, den „Umrissen zu einer Kritik der Nationalökonomie", in der er sich mit der Malthusschen Bevölkerungstheorie auseinandersetzte, schrieb er 1844: „Die Wissenschaft vermehrt sich wie die Bevölkerung; diese vermehrt sich im Verhältnis zur Anzahl der letzten Generation; die Wissenschaft schreitet fort im Verhältnis zu der Masse der Erkenntnis, die ihr von der vorhergehenden Generation hinterlassen wurde."[5] Mit „Wissenschaft" meint Engels hier natürlich die Gesamtheit wissenschaftlicher Kenntnisse, über die die Menschheit zu einer gegebenen Zeit verfügt.

Der schwerwiegende Gehalt dieser Aussage sollte sich erst reichlich ein Jahrhundert später offenbaren. Engels Behauptung besagt nämlich:

Das Massiv S der wissenschaftlichen Erkenntnis wächst in der Zeit t proportional zur Größe dieses Massivs. Mathematisch läßt sich dieser Zusammenhang bekanntlich in einer Differentialgleichung formulieren, deren Integration auf eine Exponentialfunktion führt.

Engels hat also 1844 im Grunde genommen ein exponentielles Wachstum der wissenschaftlichen Erkenntnis behauptet. Diese Einsicht blieb ein ganzes Jahrhundert lang so gut wie ohne Beachtung. Erst als das beschleunigte Wachstum wissenschaftlicher Literatur, der Zahl der in der Wissenschaft tätigen Personen und der finanziellen Aufwendungen für Wissenschaft zu Beginn der zweiten Hälfte des 20. Jahrhunderts in einigen entwickelten Ländern Dimensionen zu erreichen begann, deren Extrapolation in die Zukunft für die kommenden Jahrzehnte Probleme ungekannter Art und Größenordnung erwarten ließ, begann sich die ganze Problematik und Tragweite der von Engels behaupteten Tendenz zu offenbaren.

In den 50er Jahren dieses Jahrhunderts wurde die von Engels getroffene Aussage durch den amerikanischen Wissenschaftshistoriker Derek J. de Solla Price „wiederentdeckt". Diesmal auf empirischem Wege. In vielen Arbeiten der 50er und 60er Jahre in kapitalistischen wie sozialistischen Ländern konnte gezeigt werden, daß das Wachstum der Literatur auf einem bestimmten Wissenschaftsgebiet, aber auch die Zahl der in der Wissenschaft eines Landes beschäftigten Personen und die Höhe der finanziellen Aufwendungen für Wissenschaft in bestimmten Perioden exponentiell steigen. Da jedoch die Größe des Literaturmassivs, die Menge möglicher wissenschaftlicher Kader und verfügbarer Finanzen nicht unbegrenzt sind, muß das exponentielle Wachstum früher oder später in ein Sättigungsstadium gelangen, indem es zunächst — vereinfacht gesagt — in lineares und sodann in logarithmisches Wachstum übergeht. Der ganze Prozeß ist dann in einem logistischen Modell darstellbar. Es handelt sich beim Wachstum der genannten Parameter also um einen Wachstumsprozeß, wie er z. B. auch für die Vermehrung lebender Organismen in einer begrenzten Umwelt charakteristisch ist, z. B. für das Wachstum einer Fruchtfliegenpopulation in einer geschlossenen Flasche.

2. Natürlich ist Wachstum nur die quantitative Seite von Entwicklung, und natürlich unterscheidet sich die Entwicklung des *sozialen* Systems Wissenschaft von der Evolution einer biologischen Population durch qualitativ neue Gesetzmäßigkeiten, die aus der neuen Qualität der gesellschaftlichen Bewegungsform der Materie gegenüber der organischen resultieren. Das von Hans-Jürgen Treder hervorgehobene Engelssche Prinzip der Nicht-Reduzibilität höherer Bewegungsformen auf niedere gilt also auch hier. Und natürlich schließen wir uns auch nicht den Spekulationen bürgerlicher Wissenschaftler an, die in dem Wendepunkt der logistischen Wachstumskurve der Wissenschaftsparameter Kader und Finanzen den Übergang der Wissenschaft in das Stadium ihres Verfalls, in eine Krisensituation der Wissenschaft erblicken wollen, und diese Krise zudem noch für die Ursache der ökonomischen Krisen des Imperialismus ausgeben. In der marxistischen Auseinandersetzung mit solchen bürgerlichen Konzeptionen konnte gezeigt werden, daß der Wendepunkt der logistischen Wachstumskurve als Übergang der Wissenschaft aus einem vorwiegend extensiven Stadium ihrer Entwicklung in ein vorwiegend und zunehmend intensives Stadium ihrer Entwicklung und damit in eine grundsätzlich neue wissenschaftspolitische Situation zu verstehen ist.

Diese neue Situation wirft viele neuartige Probleme auf. Eines davon ist: Der objektiv gesetzmäßige Übergang der Wissenschaft in das Stadium ihrer vorwiegend intensiven Entwicklung ist u. a. Ausdruck dessen, daß sie, die berufen ist, die heutigen Ressourcenprobleme der Gesellschaft maßgeblich mit lösen zu helfen und als Hauptinstrument der Intensivierung der volkswirtschaftlichen Produktion wirksam zu werden, heute selbst vor dem Problem ihrer eigenen nicht unbegrenzten Ressourcen und vor der Notwendigkeit ihrer eigenen Intensivierung steht. Die Engelssche Aussage: „Die Wissenschaft schreitet fort im Verhältnis zu der Masse der Erkenntnis, die ihr von der vorhergehenden Generation hinterlassen wurde", gilt deshalb nur für den Fall, daß Ressourcenprobleme für die Wissenschaftsentwicklung nicht die entscheidende Rolle spielen. Das kann aus zwei Gründen der Fall sein: Das Ressourcenproblem spielt deshalb nicht die entscheidende Rolle, weil alle materiellen, technischen, finanziellen und personellen Bedingungen, die die Forschung benötigt, im gewünschten und benötigten Maße — also problemlos — zur Verfügung stehen. In diesem Falle würde der Erkenntnisfortschritt vorwiegend auf Kosten der „Erweiterung des Produktionsfeldes" (Marx) der Forschung, also extensiv, zustande kommen. Dieser Weg wird immer unwahrscheinlicher. Der andere Weg besteht darin, den benötigten Erkenntniszuwachs im wesentlichen mit den vorhandenen — jedenfalls nicht mehr exponentiell wachsenden — Mitteln und durch eine intensivere Arbeitsweise zu erzeugen.

Das entscheidende Problem im künftigen Stadium der Wissenschaftsentwicklung, in dem jedes Mehr an Erkenntnis auf materiell und technisch aufwendigen Wissenschaftsgebieten nur äußerst kostpielig erkauft werden kann, ist, Wissenschaft auf eine solche Weise und in solchen Richtungen zu entwickeln, daß der Ertrag an neuer wissenschaftlicher Erkenntnis und deren gesellschaftlicher Nutzen den gesellschaftlichen Wert der eigesetzten Ressourcen stabil übersteigt. Das Problem der Auswahl und der Konzentration auf volkswirtschaftlich und gesellschaftlich ausschlaggebende Gebiete von Wissenschaft und Forschung rückt deshalb ins Zentrum der Leitung und Planung der Wissenschaft im Sozialismus.

3. Die Begründer des wissenschaftlichen Sozialismus und in Sonderheit Engels haben uns in ihren Werken tiefe Einsichten in die Zusammenhänge von wissenschaftlichem und gesellschaftlichem Fortschritt vermittelt. Der Satz von Engels: „Hat die Gesellschaft ein technisches Bedürfnis, so hilft das der Wissenschaft mehr voran als zehn Universitäten,"[6] gilt auch heute noch. Natürlich darf er nicht verabsolutiert werden. Es geht nicht nur um technische Bedürfnisse, sondern ebenso um soziale, politische oder auch militärische, kurz: Es geht um die *produktiven* Bedürfnisse der Gesellschaft, die als Triebkräfte der Wissenschaftsentwicklung in Erscheinung treten. Versteht man aber Wissenschaft als gesellschaftliche Produktivkraft, dann sind auch ihre *theoretischen* Bedürfnisse produktive Bedürfnisse der Gesellschaft, und solche theoretischen Bedürfnisse bilden sich sehr wohl heraus, wenn man zehn Universitäten und vielleicht noch einige Akademien hat.

Diese produktiven Bedürfnisse setzten sich aber nicht im Selbstlauf in wissenschaftlich-technischen Fortschritt um. Sie werden verwirklicht, indem die Gesellschaft die Mittel für ihre Befriedigung zur Verfügung stellt. Das produktive Bedürfnis unserer Gesellschaft nach wissenschaftlich-technischen Neuerungen mit dem Charakter von Spitzenleistungen realisiert sich über die Bedingungen, die von der

Gesellschaft geschaffen werden, um sie hervorzubringen. Zu diesen Bedingungen gehören eine entsprechende geistige Atmosphäre und ein schöpferisches Klima, die der Entstehung solcher Neuerungen förderlich sind ebenso, wie entsprechende materielle Mittel, deren Verfügbarkeit von der ökonomischen Leistungskraft des Landes und von der Größe des Nationaleinkommens abhängt. Engels hat zusammen mit Marx die Erkenntnis formuliert, daß sich Gesellschaften nur dadurch entwickeln können, daß sie einen Teil ihres Mehrprodukts in Voraussetzungen für die Wiederholung der Produktion auf höherer Stufe verwandeln.[7] Es geht dabei nicht nur um den quantitativ bestimmten Anteil am Nationaleinkommen, der für die Intensivierung der Produktion eingesetzt wird, sondern auch um die Qualität und die Art und Weise, in der dieser Anteil der konkreten Arbeit verfügbar wird. Damit sind nicht nur die materiellen Mittel, Geräte und Substanzen, sondern auch die Kader und die Zeit für jede schöpferische Arbeit gemeint.

Helmut Koziolek hat in der Diskussion über die Funktion des Nationaleinkommens in der intensiv erweiterten sozialistischen Reproduktion die Forderung erhoben: „Die sozialistische Gesellschaft muß ihre Kräfte und Mittel so einsetzen, daß die Erzeugung des Nationaleinkommens sowohl im Umfang als auch in der qualitativen stofflichen Zusammensetzung maximiert und dessen effektivste Verwendung gesichert wird."[8] Er weist darauf hin, daß gewachsenes Nationaleinkommen nicht nur als *Resultat,* sondern auch als *Voraussetzung* intensiv erweiterter Reproduktion bestimmt ist.[9] Ich meine, daß damit die Schlüsselfrage in ihrer Allgemeingültigkeit formulierbar ist: Wie gelingt es, den Zuwachs an Nationaleinkommen in Voraussetzungen für die Intensivierung der Produktion, die sich als qualitativ erweiterte Reproduktion verstehen läßt, zu verwandeln? Oder auch: Wie gelingt es, einen Teil des Zuwachses an Nationaleinkommen in beschleunigten wissenschaftlich-technischen Fortschritt und in die Nutzung seiner Resultate in der materiellen Produktion umzusetzen?

Diese Frage soll andeuten, daß die bessere Verbindung von Wissenschaft und Produktion bei Nutzung der Vorzüge des Sozialismus nicht nur ein Problem rascherer Überführung vorliegender wissenschaftlicher Erkenntnisse ist. Genosse Erich Honecker hat das in seiner Geraer Rede klar formuliert: „*Jeder* Abschnitt des Reproduktionsprozesses ist unter dem Gesichtspunkt zu analysieren, wie bessere Voraussetzungen dafür geschaffen werden können, Wissenschaft und Produktion wirksam zu verbinden."[10] Hier liegt ein weites Feld der interdisziplinären Kooperation von Ökonomen, Soziologen, Wissenschaftstheoretikern, Philosophen, aber auch Naturwissenschaftlern der verschiedenen Disziplinen, das zu bearbeiten wir uns vorgenommen haben. Es steht in engem Zusammenhang mit einem anderen — dem folgenden — Problem.

4. Der wissenschaftlich-technische Fortschritt ist kein einfacher Wachstumsprozeß, dessen Beschleunigung sowohl von der Größe und der Qualität des schon vorhandenen Erkenntnismassivs abhängt, als auch von den materiellen Mitteln und den Kadern, die benötigt werden, um neue Forschungsprozesse in Gang zu setzen. Der Sozialismus als *planmäßig* gestaltete Gesellschaftsordnung bietet für die be-

wußte Meisterung dieses Prozesses unschätzbare Vorzüge gegenüber einer Gesellschaft, in der der Widerstreit gegeneinander agierender Kapitale die gesellschaftliche Entwicklung in den Fesseln der Spontaneität hält. Wir haben in den mehr als 30 Jahren erfolgreicher Entwicklung unserer sozialistischen Deutschen Demokratischen Republik reiche Erfahrungen in der Planung der gesellschaftlichen Entwicklung und in der Planung von Wissenschaft und Forschung machen können. Unter unser aller Mitwirkung sind langfristige Planungsdokumente für die Entwicklung der naturwissenschaftlichen Grundlagenforschung im Bereich der Akademie und des Hochschulwesens und für die gesellschaftswissenschaftliche Forschung entstanden. Wir sind z. Z. dabei, eine Entwicklungskonzeption der Akademie bis zum Jahre 2000 zu erarbeiten, und es wird an den Entwicklungskonzeptionen der Kombinate gearbeitet. Unsere sowjetischen Genossen vermitteln uns ihre Erfahrungen bei der Erarbeitung von Komplexprogrammen des wissenschaftlich-technischen und sozialen Fortschritts. In diesem ganzen Prozeß reift mehr und mehr unsere Einsicht, daß es — aufbauend auf unseren bisherigen Erfahrungen — um eine neue Qualität der Planung geht, die wir beherrschen lernen müssen. Diese neue Qualität betrifft nicht nur den höheren Grad an Komplexität (Planung des wissenschaftlich-technischen und sozialen Fortschritts in ihrer Einheit) und größere Zeithorizonte, die es in der Planung zu erfassen gilt. Ich sehe sie auch darin, uns bewußt zu machen und dies in unserer wissenschaftsleitenden Tätigkeit auf allen Ebenen — von den Forschungsgrundeinheiten bis zu den höchsten wissenschaftsleitenden Gremien — zu berücksichtigen, daß es *Entwicklungs*prozesse sind, die geplant werden sollen, Prozesse also, in denen qualitativ Neues entstehen und sich stabil erhalten soll. Die bewußte Planung solcher Prozesse unterscheidet sich grundsätzlich von einer Planung, die Vorhandenes lediglich in die Zukunft fortschreibt oder Entwicklung als Entfaltung von im Keime schon Vorhandenem versteht. Auch hier möchte ich noch einmal auf die Geraer Rede von Erich Honecker Bezug nehmen, in der er darauf hinwies, daß es angesichts der realen Gegebenheiten und gesellschaftlichen Erfordernisse, mit denen wir uns in den 80er Jahren konfrontiert sehen, nicht nur darum gehen kann, die Steigerung der Produktion — und wir können hinzufügen: den wissenschaftlich-technischen Fortschritt — „gewissermaßen auf die bisherige Weise fortzuschreiben.“[11] Die theoretischen Grundlagen für die Planung von Entwicklungsprozessen — natürlicher wie gesellschaftlicher — sind allerdings noch weitgehend unausgearbeitet. Das muß uns indes nicht entmutigen. Im Gegenteil: Auch hier eröffnet sich ein weites Feld der interdisziplinären Kooperation von Natur- und Gesellschaftswissenschaftlern, für dessen Bearbeitung wir an der Akademie gute Voraussetzungen haben.

Engels hat uns für die Lösung dieser Probleme viele grundsätzliche Hinweise gegeben, nicht nur in seinen explizit *philosophischen* Werken, Hinweise, die voll auch für unsere heutige Zeit gelten und zum Grundbestand der marxistisch-leninistischen Theorie gehören, und auch solche, die wir heute an die Bedingungen seiner Zeit gebunden erkennen. In beiden Fällen ist es unsere Aufgabe, sie schöpferisch — unseren Bedingungen gemäß — zu verwirklichen.

Anmerkungen

1 W. I. Lenin, Karl Marx, Werke Bd. 21, Berlin 1960, S. 80.
2 F. Engels, Dialektik der Natur, Berlin 1961, S. 10.
3 A. a. O., S. 326.
4 A. a. O.
5 F. Engels, Umrisse zu einer Kritik der Nationalökonomie, MEW Bd. 21, Berlin 1957, S. 521.
6 Engels an Borgius, MEW Bd. 39, Berlin 1968, S. 205.
7 Vgl.: F. Engels, Anti-Dühring, MEW Bd. 20, Berlin 1962, S. 180.
8 H. Koziolek, Reproduktion und Nationaleinkommen, Berlin 1979, S. 73.
9 Vgl.: A. a. O., S. 74.
10 E. Honecker, Zu aktuellen Fragen der Innen- und Außenpolitik der DDR. Neues Deutschland vom 14. 10. 1980, S. 5.
11 A. a. O., S. 4.

Peter Adolf Thiessen

Anregungen und Intuition durch Werk und Wirken von Friedrich Engels

Bei Diskussionen mit Hans-Jürgen Treder über das Wesen oder Unwesen der Entropie — ihre Versprechungen und ihre Bürden — kamen wir auch auf Friedrich Engels „Dialektik der Natur" zu sprechen. In diesem Buch findet sich eine Deutung in $4^1/_2$ Zeilen, die gleichzeitig provoziert und Sicherheit gewährt. Das klingt sehr widersprüchlich, ist es aber nachweisbar nicht.

Als Folge dieser Gespräche ergaben sich noch sehr viele Urteile, Folgerungen und Möglichkeiten der Anregung und Intuition durch das Werk und Wirken von Friedrich Engels. Wir sprachen in diesen Zusammenhängen jedoch nicht nur über die Arbeiten von Friedrich Engels, sondern auch über die von Karl Marx und über den „Empiriokritizismus" von Lenin.

Die „Dialektik der Natur" ist für mich eine Art „Brevier" und gehört zu meinem Handapparat. Wer mich unangemeldet besucht, findet es immer an den Stellen, die mir entweder Sorge machen oder über die ich mich im Augenblick besonders ärgere.

H.-J. Treder hatte mich in Vorbereitung seines Plenarvortrages über die Engels'sche „Dialektik der Natur" aufgefordert, aus meiner Praxis, die sich mit Problemen der Erkundung und Nutzbarkeit von Naturvorgängen auf der Erde und im Kosmos befaßt, zu erzählen.

Augenblicklich steht die „Dialektik der Natur" — vielfach beschriftet und mit zahlreichen Einlagen versehen — neben einem Werk über Vielkörperprobleme: David Pines „The Many-Body Problem". Dieses Buch ist ein gewisses Wunder. Hier sind ziemlich alle Arbeiten über Mehr- und Vielkörperprobleme zusammengetragen, unabhängig von der Sprache, in der sie erschienen sind. Sie sind — mit Angabe der Quellen — in ihrer Originalsprache aufgenommen und ins Englische übersetzt, d. h. genau genommen ins Amerikanische, was etwas anderes ist.

Anscheinend sind die Zusammenhänge innerhalb des Mehrkörperproblems zugänglich und faßbar. Die große Frage ist, wie wird man damit in der materiellen Wirklichkeit fertig? Die Objekte, mit denen wir es zu tun habeen, sind ihrer Natur nach Vielkörperprobleme und gleichzeitig Vielstoffprobleme, miteinander in vielfältigen Formen verflochten. Dazu unterliegen sie in ihren Wechselwirkungen durch Fluktuationen dauernden dynamischen Veränderungen. Die gegenwärtige Schwäche der Theorien steht in einem Mißverhältnis zu den Bedürfnissen der praktischen Anwendung und Nutzbarkeit. Wir müssen uns damit abfinden, „denn die Verhältnisse, sie sind nicht so", wie wir sie uns wünschen. Die zwingende Notwendigkeit der sozialistischen Rationalisierung zwingt aber zum Handeln!

Die Situation wird gegenwärtig vielfach und widersprüchlich beschrieben, auch jene Folgerungen, die für unsere Akademie zu ziehen sind. Ich verweise hier ausdrücklich auf den Diskussionsbeitrag des Präsidenten unserer Akademie, Werner Scheler, „Begabungen suchen und fördern", gehalten auf der V. Hochschulkonferenz im September 1980. Da sind die Fragen, soweit sie von der Akademie methodisch und im Zusammenhange mit den Aufträgen der Partei- und Staatsführung im Rahmen der internationalen Vereinbarungen zu lösen sind, klar und hinreichend dargestellt. Auf diese brauche ich nicht einzugehen. Wir müssen jedoch nicht bloß mit einem Schritt, sondern mit einer ganzen Reihe von Sprüngen weiterkommen.

Die sozialistische Rationalisierung, die wir anstreben, hat erst begonnen. Wäre sie bereits vollkommen in einem wünschenswerten Maße durchgeführt — also unter Einsatz der Mikroelektronik, des Mikroprozessors, des Computers und der bereits angepaßten Verfahrenstechniken und -technologien — gewährte uns dies nicht mehr, als eine nützliche Pause! Diese Atempause bewahrte uns zwar auf lange Zeit vor einer Dystrophie, aber keinesfalls auf die Dauer. Sie gibt keinen Anlaß zur Beruhigung; denn Voraussetzungen für Dauerlösungen verlangen Voraussicht und Handeln gemäß den Regeln einer produktiven Prognostik im Gebäude des dialektischen und historischen Materialismus.

Über die Art unseres Vorgehens orientieren wir uns ständig an Friedrich Engels. Ich denke hier besonders an die „Dialektik der Natur", die uns auffordert, uns endlich dazu zu bequemen, nicht nur in den Bereichen des Bekannten zu arbeiten, sondern in das Unbekannte hineinzugreifen. Es gilt der Satz: „Die Welt ist erkennbar — daran ist nicht zu rühren! Wer aber wollte behaupten, daß das Erkannte mit dem Erkennbaren bereits identisch ist, oder daß das Erkannte auch nur in Annäherung bis zu dem Erkennbaren reicht. Ich wünsche mir eine produktive, kämpferische Diskussion darüber, daß das nichterkannte Erkennbare viel weiter reicht als das bisher Erkannte. Das wäre nicht nur produktiv nützlich, sondern auch pädagogisch heilsam. Einem gewissen Skeptizismus, mancherorts sogar einer Art Nihilismus der Heranwachsenden könnte begegnet werden, wenn wir ihnen beweisen, daß ihnen beliebig Raum zur Verfügung steht, wenn die Methoden der Erkenntnis weiter gespannt werden als bisher.

Auf dem Wege vom Ausdenken über Vorstellungen bis zur Gestaltung und Nutzung liegen eine Fülle von Spannungen und Widersprüchen. Ich kann das auch anhand eigener Arbeiten und der Arbeiten unserer Kollektive begründen an Problemen der Nutzung unserer stets schwieriger zugänglichen natürlichen Rohstoffquellen in Verbindung mit erhöhten Ansprüchen an Energie nach Art und Betrag. Wir bemühen uns, für die stofflichen Umsetzungen, vor allen Dingen auch über den Bereich von Gasen und Flüssigkeiten hinaus, heuristisch brauchbare Modelle für die Reaktivität von Festkörpern zu benutzen. Die alte These „corpora non agunt nisi tuida" ist weder notwendig noch hinreichend. Wir können mit absoluter

Sicherheit aussagen: „materia agitur utut firma". Oder noch etwas weitergehend: „panta rhei". Am Ende gilt, daß „materia firma" nur äußerlich „firma" ist, daß „materia firma materia liquida" ist. In der Atomistik und vor allen Dingen in der Subatomistik begreifen wir das.

Für die Handhabung bemühen wir uns, statische und dynamische Gebilde auszudenken. Aus diesen leiten wir heuristische Experimente her. Wir gewinnen Aussagen, aus denen wir nachher Weiterentwicklungen bis zur Nutzung riskieren können. Unter Umständen scheitern wir sehr früh. Es zeigt sich nämlich, daß auch die besten Modelle, die wir uns machen können (gemeint sind: die „am wenigsten schlechten" — „die besten" wäre der Superlativ von gut —), Krüppel sind. Bestenfalls sind sie einigermaßen gelungene Karikaturen. Und bei tiefgreifender Prüfung dieser Modelle stoßen wir fast immer auf eine charakteristische Schwierigkeit: in dem Augenblick, wo die Modelle dynamisch beansprucht werden, wo man also auch Transport- und Bewegungprozesse mit einbeziehen muß, reicht das mathematische Instrumentarium nicht mehr aus. Im Text steht dann schlicht: „vorerst nicht behandelbar".

Unsereins von der „banausischen Profession" kann darauf nicht warten. Wir müssen irgendwelche Wege finden, für die Forderung des Tages und der Zukunft auch aus Primitivmodellen einigen Nutzen zu ziehen.

Meine verehrten Kollegen von der Philosophie haben sich über die Methodologie ausführlich und überzeugend geäußert. Ich achte das hoch. Doch das reicht noch nicht aus! Wir brauchen vielerlei Interpretationen, außer gelehrten Konjekturen praktikable Ansätze. Ich möchte einmal für das Wort „Methode" eine andere Übersetzung als „Hinweg" geben, und ich bitte um den „Schutz des Publikums" vor dem Zorn unserer Kollegen philologischer Fakultät. Ich zerlege „Methode" in „meta hodos" — mit einem schillernden „meta" — und sage grob „Schleichweg". Bitte widerlegen Sie mich. Ich erinnere daran, daß „meta-"Physik sich nur auf Schleichwegen tummelt!

Unsere Schleichwege sind empirische Verfahren. Sie benutzen vielfältig ausgedachte Experimente mit möglichst weitem Integral — ständig moduliert nach Probe und Passung.

Von Teilen auf das Ganze zu schließen ist an sich möglich. Ich bevorzuge den Weg, erst einen geräumigen Zusammenhang zu erkunden, um diesen dann zu zergliedern; d. h.: erst wird ein möglichst weites Integral gesucht und dieses zunächst desintegriert. Wie weit ich wage in die Differentiale zu gehen, hängt davon ab, was ich glaube, theoretisch ausreichend begründen zu können. Die Erfahrung lehrt die Nützlichkeit dieses Weges. Er kann allerdings gleichzeitig äußerst gefährlich werden. Bleiben anfängliche Erfolge aus, ist das Unglück klein, dann probiert man weiter. Hat man anfänglich einen „erwarteten Erfolg", sollte man äußerst mißtrauisch sein. Zum Verallgemeinern gehört Takt! Pragmatisches Vorgehen ist in der Praxis vielfach notwendig. Chemiker werden mir bestätigen, daß man nicht darum herumkommt. Freilich darf die Grenze zwischen Pragmatismus und Opportunismus dabei nicht überschritten werden. Versuche müssen als „experimentum crucis“, d. h. als Wegweiser anerkannt werden. Die anscheinende „Realität“ reproduzierter experimenteller Ergebnisse darf nicht die begrenzte Aussagekraft verhüllen. Aus meiner Göttinger Frühzeit erinnere ich mich, daß David Hilbert einmal einen Rheologen, der sich auf seine Experimente berief, barsch anfuhr und erklärte: „Experimente können sehr schädlich sein. Sie können verhindern, daß man sich um reine und strenge mathematische Lösungen weiterbemüht“. Diese Anekdote gehört in die Reihe der „Hilbertiana.“ Sie braucht nicht absolut wörtlich genommen zu werden, hat aber mehr als ein scheinendes Recht.

Man darf mir jederzeit die Frage stellen: „Was tust Du selbst, sprichst Du über eine Sache oder von ihr?“

Wir bemühen uns um einige Klärungen und haben auch einzelne Erfolge. Gesundheit und Leben vorausgesetzt, werden wir in der Lage sein, im Laufe des nächsten Jahres das eine oder andere auch aus dem Neuland wissenschaftlicher Erkenntnis der Reaktivität von Festkörpern vorzustellen. Doch das kritisch bewertete Resultat birgt auch bei erwiesener Nutzbarkeit die Mahnung: „Wie kommen wir weiter?“

In der Wissenschaft werden dafür recht verschiedenartige Wege gesucht. Auch Astralleiber werden gelegentlich bemüht. Friedrich Engels schrieb in der „Dialektik der Natur“ ein eigenes Kapitel „Die Naturforschung in der Geisterwelt“. Solche Betrachtungen sind durchaus nicht überholt — sie sind zwar fatal, aber aktuell.

Vorstellungen dieser Art hegt z. B. der Physiker und Philosoph C. F. von Weizsäcker. Er gibt an, wie man mit Methoden einer „meditativen Vertiefung“ nach der „Weisheit des Ostens“ wissenschaftliche Erkenntnis gewinnen sollte. Er beschäftigt sich u. a. mit der Rolle der Magie in der Wissenschaft, bejaht die Telekinese und spricht „vom beglückenden Gefühl der körperlichen Levitation“. („Levitation“ bedeutet körperliche Anhebung im Sinne des Beginns einer Himmelfahrt.)

Meditative Vertiefung soll zu Einsichten führen außerhalb und übergeordnet der materialistischen Wissenschaft. C. F. von Weizsäcker läßt der Erleuchtung die Verkündung folgen — zur Erbauung und Erlösung der Mitwelt. Sie ist dargestellt unter dem Titel „Die Wissenschaft ist noch nicht erwachsen“.[1] Der Aufsatz enthält eine Reihe düsterer Orakelsprüche begründet auf einer ausgesprochen aggressiven antisowjetischen Haltung. Erscheinungen dieser Art sind nicht vereinzelt. Sie dürfen keinesfalls ignoriert werden. Ihnen nach Ursache und Folgerungen entgegenzutreten, können wir uns vollständig auf Friedrich Engels stützen. Seine Lehren im „Anti-Dühring“ sind heute so aktuell gültig wie die Aussagen der „Dialektik der Natur“, erschienen 1877/78.

Erscheinungen von der Art einer „magischen Physik“ suchen eine Stütze in Lücken und Mängeln physikalischer Erkenntnis. Diese beruht zum großen Teil auf dem schwachen mathematischen Unterbau dynamischer physikalischer Modelle der materiellen Wirklichkeit. Ich sehe eine Ursache dafür in einer Unterschätzung der reinen Mathematik. Für ihre Förderung und Anerkennung als strenge wissenschaftliche Disziplin trete ich unbedingt ein.

Vor wenigen Tagen fand ich in der „Presse der Sowjetunion“, Heft 18/1980, ein Interwiev mit dem Auswärtigen Mitglied unserer Akademie, dem Präsidenten der Akademie der Wissenschaften der Armenischen SSR, W. A. Ambarzumjan, „Das Weltall ist voller Dynamik“. Jedes hier gesagte Wort ist wertvoll für die Anerkennung der Notwendigkeit, Experiment, physikalische Theorie und mathematisch strenges Denken zu verbinden.

Die „Dialektik der Natur“ vermittelt auch hier unerschöpfliche Anregungen.

Etwa zu Beginn dieses Jahres hat der international hoch anerkannte sowjetische Kristallograph A. I. Kitaigorodski in der „Literaturnaja Gaseta“ zu einer Diskussion herausgefordert darüber: „Ist reine Mathematik Wissenschaft oder Kunst?“. Es wurde geltend gemacht, daß die inszwischen hochentwickelten mikroelektronischen Rechenverfahren die reine Mathematik aus dem Bereich der Wissenschaft verdrängen. Man brauche die reine Mathematik nicht aufzugeben, doch gehöre sie in den Bereich der Kunstausübung. Ich erkenne dabei an, daß nicht nur meine eigene Profession, die Chemie, künstlerisch betrachtet und betrieben werden kann — wie jeder andere Bereich der Wissenschaft auch. Ich behaupte aber — unabhängig von dieser Auffassung — die reine Mathematik ist eine strenge Wissenschaft, gleichzeitig strukturbestimmend und strukturbestimmt. Sie ist unentbehrlich für die Aufstellung, Nachprüfung und Nutzung von Modellen der Realität. Leider ist sie dafür unzureichend entwickelt worden. Eine Ursache liegt im mangelnden Verständnis für das Wesen der reinen Mathematik. Man darf sich auf die Dauer nicht damit begnügen, von Fall zu Fall ein vorhandenes Geflecht der Mathematik um einige Maschen anzustricken. Notwendig ist vielmehr, ein neuartiges System zu ersinnen und zu gestalten als Bestandteil einer „reinen Mathematik“. Bestimmt ist sie in ihrer komplexen prognostischen Würdigung als System von Signalen für Vorgänge aus dem Bereich des erkennbaren Unerkannten.

Ich behaupte, daß jede logisch und widerspruchsfrei abgeleitete neue Formel aus der reinen Mathematik ein physikalisches Problem enthält, auch wenn wir es noch nicht kennen. Ein neuer, harmonischer, streng abgeleiteter mathematischer Ansatz gibt Antwort auf eine Frage, die wir erst erraten müssen.

In der Diskussion auf die Herausforderung von Kitaigorodski wurden starke Gegensätze erkennbar. Im ganzen wurde die Erörterung vorsichtiger geführt, als es der Anlaß verdient hätte.

Der Meinungsstreit in der „Literaturnaja Gaseta“ ist vorerst unterbrochen. Offenbar ist der vorläufige Abschluß als Beginn einer produktiven Pause gemeint. Ein solches Verfahren ist zweckmäßig. Individueller „esprit d'escalier“ kann dadurch zum Anstoß für kollektives Denken werden.

Diskussionen sollten immer hart und klar geführt werden. Eine „kosmetische“ Physik empfiehlt sich nicht. Gefällige Modulierungen von Realitäten bewähren sich nie und können Entscheidungen aufhalten.

Ich berufe mich wiederum ausdrücklich auf Friedrich Engels „Dialektik der Natur“ mit dem Satz: „Und dann erklärt man das Notwendige für das einzig wissenschaftlich Interessierende und das Zufällige für das der Wissenschaft Gleichgültige. Das heißt: Was man unter Gesetze bringen kann, was man also kennt, ist interessant, das, was man nicht unter Gesetze bringen kann, was man also nicht kennt, ist gleichgültig, kann vernachlässigt werden. Damit hört alle Wissenschaft auf, denn sie soll gerade das erforschen, was wir nicht kennen."[2]

Ich ziehe daraus für jede Diskussion über Notwendigkeit und Wege des Vordringens in das erkennbare Unerkannte den Schluß, bei Widerspruch nicht aufzugeben. Pragmatische Verständigung an Stelle einer möglichen strengen, wenn auch unbequemen Klärung ist verkappter Opportunismus. Der unverzichtbare Vorzug eines echten Meinungsstreites ist das Einvernehmen darüber, in Diskussionen nicht Recht haben zu wollen, sondern gemeinsam der Wahrheit um ein Stück näher zu kommen. Wir erkennen und anerkennen, daß notwendige Aufgaben zunächst im Kopf zu lösen sind. Man hat einen solchen und muß ihn auch benutzen.

Die „Dialektik der Natur" bleibt mein „Brevier": es ist immer wieder vertraut, aber alle Tage neu. So einfach ist das.

Anmerkungen

1 Vgl. „Die Zeit" Nr. 42, v. 10. 10. 1980.
2 F. Engels, Dialektik der Natur, MEW Berlin 1973, S. 211.

Klaus Fuchs

Wissenschaftlich-weltanschauliche Grundorientierung für den Naturwissenschaftler

Ich möchte einige wenige persönliche Bemerkungen darüber anfügen, was Friedrich Engels für mich in meiner naturwissenschaftlichen Laufbahn bedeutet hat und heute noch bedeutet.

Meine erste, von N. F. Mott gestellte Aufgabe als Forschungsstudent betraf die Berechnung der Bindungsenergie des Kupfers mit Hilfe der Elektronentheorie der Metalle. Eine Vorlesung über Quantentheorie hatte ich damals — 1933 — nicht gehört. Ich kannte nur die klassische Physik mit ihrem beschränkt-metaphysischen Charakter.[1] Ich weiß nicht, wie ich mit dem Problem fertig geworden wäre, wenn ich nicht den „Anti-Dühring" von Friedrich Engels gekannt hätte. Sein vernichtendes Urteil über die bornierte metaphysische Denkweise und sein Hinweis über die wunderlichen Abenteuer, die der respektable Geselle, genannt „gesunder Menschenverstand", erlebt, wenn er sich in die weite Welt der Forschung wagt, haben mich ebenso beeindruckt wie die konzise Darlegung der dialektischen Methode, welche die Dinge nicht als tot und unwandelbar erfaßt, sondern in dem ihnen gesetzmäßig eigenen Werden und Vergehen begreift.[2] Sehr schnell merkte ich, daß die Quantentheorie genau das tut. Die Wellenfunktion stellt nicht nur den Zustand eines quantenmechanischen Systems dar; sie birgt in sich zugleich alle Möglichkeiten dieses Systems zur Wechselwirkung mit anderen Systemen unter den verschiedensten Bedingungen. Das war für mich der Schlüssel zum Verständnis der Quantentheorie.

Die Quantentheorie konfrontiert uns auch mit einem anderen Problem: Wenn die Wechselwirkung zwischen den Objekten der experimentellen Untersuchung und dem Experimentiergerät von gleicher Größenordnung wird wie die zu beobachtenden Effekte, welches Verhältnis besteht dann zwischen den Objekten und der Realität? Diese Fußangel fordert noch heute ihre positivistisch geneigten Opfer. „Vielleicht macht ein ungehört im Walde fallender Baum doch kein Geräusch?" wurde in der Dezember-Nr. 1978 der „Berichte über die Fortschritte in der Physik" gefragt. Da hilft nur die berühmte These von Marx, die nicht nur für den Philosophen gilt: daß es nicht nur darauf ankommt die Welt zu interpretieren, sondern sie zu verändern.[3] Das mit dieser These zugleich aufgestellte Kriterium der Wahrheit — die weltverändernde gesellschaftliche Praxis — hilft uns auch, in dem von der Quantenmechanik verursachten Wahrheitsproblem dem

Positivismus zu entgegnen: Etwas ist wahr, wenn es sich in der gesellschaftlichen Praxis bewährt. Wahre Erkenntnis ist Voraussetzung für die richtige Praxis, aber sie drängt auch auf Bewährung in der Praxis.

Die schöpferische Tätigkeit des Menschen in dieser gesellschaftlichen Praxis — darauf hat H.-J. Treder schon verwiesen — versetzt ihn mehr und mehr in die Lage, Gegenstände und Strukturen zu erzeugen, die es in der Natur nicht gibt. Das stellt uns vor spezifische, komplizierte Probleme, was uns anregt und zwingt, Natur- und technische Wissenschaften weiterzuentwickeln. In der unbelebten Natur haben wir entweder Gebilde, in denen — auf Grund des Entropiegesetzes — Unordnung vorherrscht, und wir gehen von dieser Unordnung aus und pfropfen einige Ordnungsparameter darauf; oder wir haben die einfachste Form der Ordnung — nämlich eine periodische Wiederholung, z. B. in einem gut gewachsenen Kristall — und propfen darauf ein wenig wohldosierte Unordnung.

Die Kompliziertheit und Komplexität technischer Strukturen oder „Artefakte" stellt uns jedoch vor ganz anders geartete Probleme, die wir theoretisch meistern müssen, um z. B. das Potential der Mikroelektronik voll ausschöpfen zu können. Es handelt sich doch um Strukturen, die zwar gewiß nach Naturgesetzen, aber nicht auf natürliche Weise entstehen, sondern nur nach dem Willen, gemäß den Zielen und durch das tätige Wirken der menschlichen Intelligenz. Genau genommen verlassen wir beim Beschäftigen mit solchen Strukturen das Gebiet der Naturwissenschaft und begeben uns auf ein Feld der Technologie, das man auch „Physik der Artefakte"[4] nennen könnte.

Der Übergang zu hochkomplexen und sehr komplizierten technisch-technologischen Systemen — ich denke hierbei nicht nur an die Mikroelektronik, sondern auch an moderne Kraftwerks- oder Chemieanlagen u. a. — stellt uns vor ein weiteres Problem. Wir haben uns zu entscheiden, wie wir die Stellung des Menschen in solchen Systemen ansehen wollen. Hier scheiden sich die Geister: Betrachten wir den Menschen in solchen Systemen nur als einen Störfaktor, den man mehr oder weniger — möglichst weitgehend — durch Roboter ersetzen sollte; oder verstehen wir ihn als wirklichen Beherrscher dieser Technik? Das ist beileibe kein rein akademisches Problem; von der Antwort auf diese Frage sind u. a. Sicherheitskonzepte, Auslegungs- und Ausbildungsprobleme abhängig, um nur die international am meisten diskutierten Aspekte der Automatisierung zu nennen. Grundlegend für die Beantwortung solcher Fragen ist die Rolle der Werktätigen im Produktionsprozeß und die Stellung der Arbeiterklasse als machtausübende Klasse im Betrieb. Karl Marx und sein lebenslanger Kampfgefährte Friedrich Engels gaben uns die wissenschaftlich-weltanschauliche Grundorientierung und das Wissen um die gesellschaftlichen Zusammenhänge in die Hand. Sie demonstrierten uns den Kämpferwillen, mit dem wir diese Probleme lösen und unseren gesellschaftlichen Auftrag als Wissenschaftler erfüllen werden.

Anmerkungen

1 F. Engels, Herrn Eugen Dührings Umwälzung der Wissenschaft, MEW Bd. 20, Berlin 1962, S. 14.
2 A. a. O., S. 20 ff., S. 112 f.
3 K. Marx, Thesen über Feuerbach, MEW Bd. 3, S. 7.
4 Vgl.: G. Albrecht, Physik künstlicher Mikrostrukturen, „spectrum“ 9/80, S. 7; K. Fuchs, Zur Physik der Artefakte, „Spectrum“ 9/80, S. 22.

Bei Fragen zur Produktsicherheit wenden Sie sich bitte an:
If you have any questions regarding product safety,
please contact:

Walter de Gruyter GmbH
Genthiner Straße 13
10785 Berlin
productsafety@degruyterbrill.com